識安全有禮貌叢書

我會搭港鐵

修訂版

新雅文化事業有限公司
www.sunya.com.hk

香港鐵路網絡覆蓋香港島、九龍及新界，路線繁多，為什麼大部分乘客卻沒有迷路呢？為什麼每天乘客眾多，港鐵車站仍然能順暢地運作呢？小朋友，你想知道這些嗎？快來參與這次「港鐵小旅程」，學做一個**守規矩、有禮貌、懂安全**的交通大使吧！

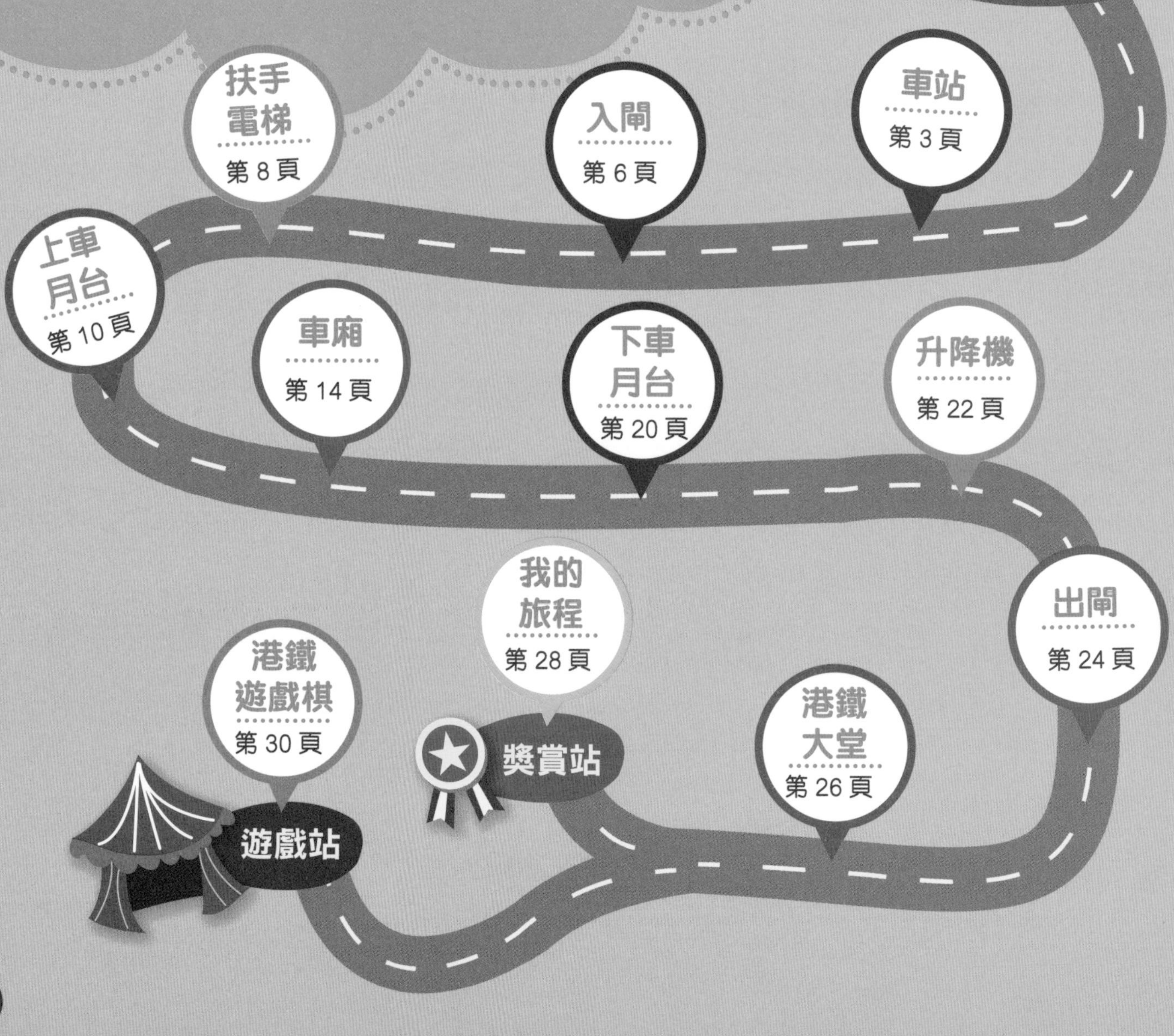

車站

小朋友，當你在街上看到這個標誌 時，只要沿着指示方向前進就可以找到港鐵車站入口。進入港鐵大堂前，請先檢查有沒有攜帶了以下違規物品：

1

超大型行李或物件

2

金屬氣球

3

動物

請小心！
導盲犬

一般乘客是不可帶同寵物進入港鐵的，但是為了方便失明人士使用港鐵，他們可帶同導盲犬領路。

想一想

家長可與孩子談談港鐵車站入口的地面或牆壁等位置的箭頭或交叉標誌有什麼意思。

乘搭港鐵前，乘客可以先從購票機購買單程車票、使用八達通卡或使用電子支付來付車費。八達通卡分為 3 大類：小童八達通卡、成人八達通卡和長者八達通卡。

小童八達通卡
成人八達通卡
長者八達通卡

以下的乘客需要哪種八達通卡呢？請從貼紙頁中選出八達通卡貼紙貼在正確的 ☐ 內。

小朋友，如果你已經 3 歲了，你便需要購買車票乘搭港鐵。
*「小童」指 3 歲或以上，惟未滿 12 歲之人士；凡身高 95 厘米或以上而未能提供年齡證明之乘客，將被視作 3 歲或以上者論。

小朋友，請回答以下問題，然後沿着虛線畫線，看看自己乘搭港鐵時是否要付車費。

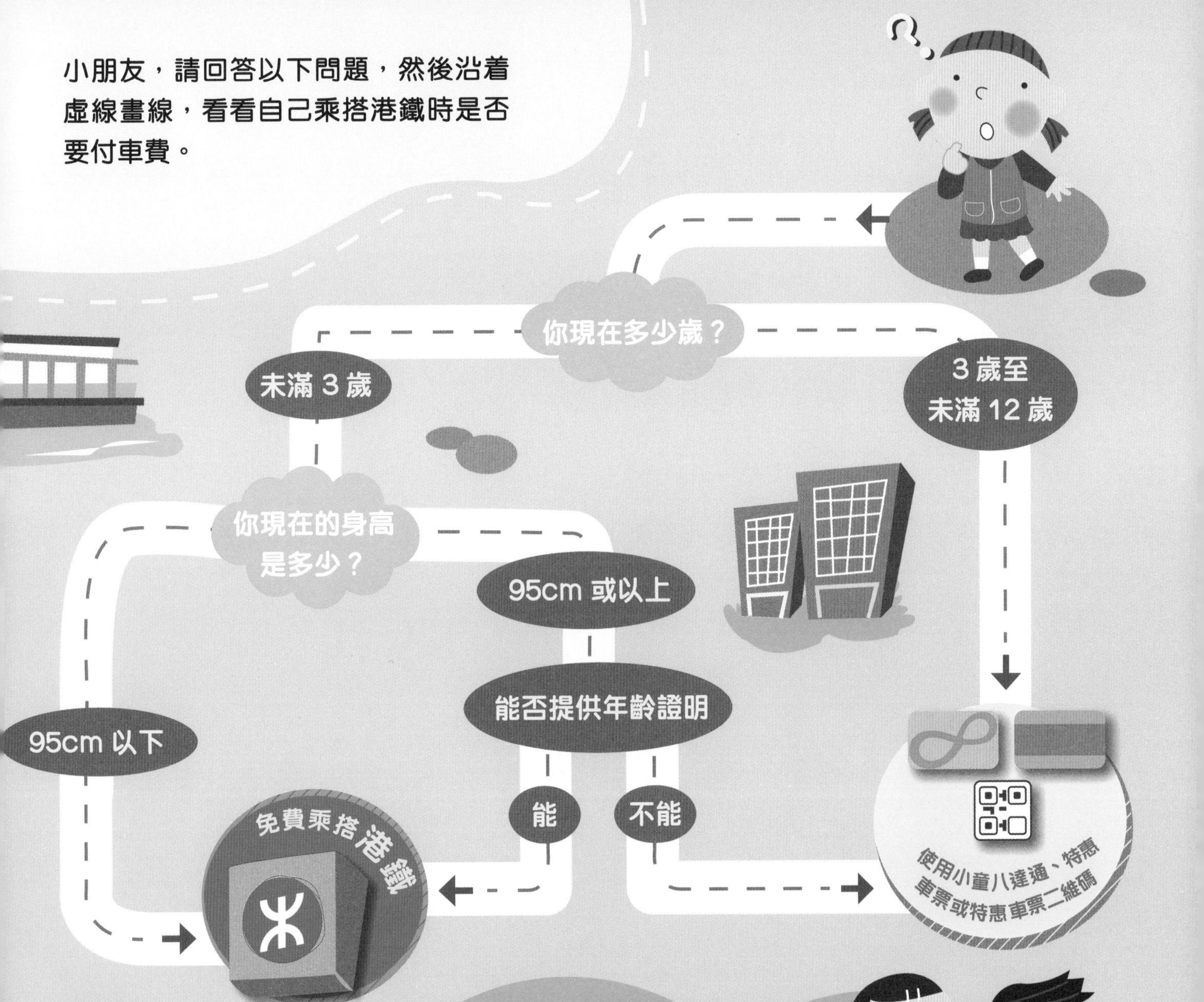
你現在多少歲？
未滿 3 歲
3 歲至
未滿 12 歲
你現在的身高
是多少？
95cm 或以上
95cm 以下
能否提供年齡證明
能
不能
免費乘搭港鐵
使用小童八達通、特惠
車票或特惠車票二維碼

想一想

家長可與孩子談談為何不可以在港鐵範圍內嬉戲、推撞或奔跑。

入閘

有時候入閘機和出閘機並排在一起，你能分辨出哪些是入閘機？哪些是出閘機嗎？請在下圖中找出顯示牌 及前方顯示 的閘機，然後把乘客連線至入閘機。

© Beethoven1612 | Dreamstime.com

闊閘機

除了一般入閘機外，港鐵站內還有闊閘機供有需要的乘客使用。請觀察左方 4 款標誌，看看哪些乘客可優先使用闊閘機，並把他們圈出來。

小朋友，請輕輕拍一拍入閘機上的處理器，並模擬入閘的聲音！

·扶手電梯·

小朋友，一起來看看乘搭扶手電梯時要注意哪些事項吧！

注意事項

留意扶手電梯
的運行方向

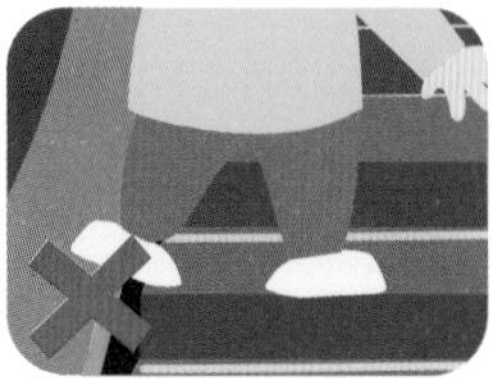

不要站近級邊
或邊緣

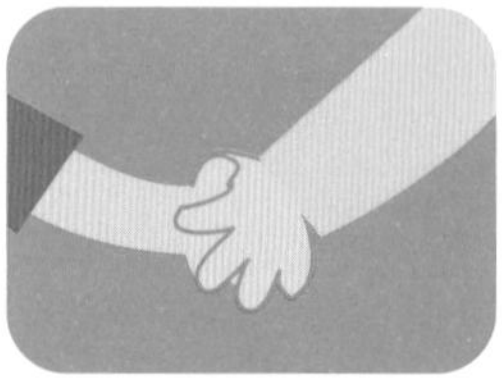

緊握扶手或
成人的手

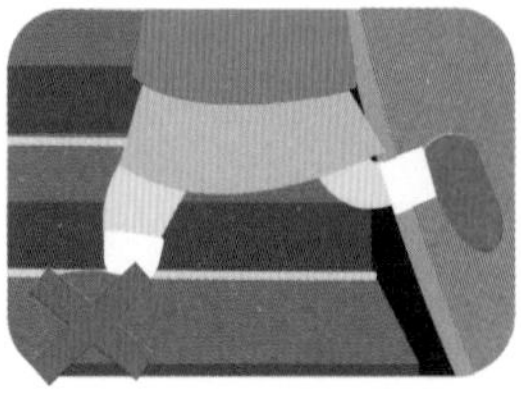

不要隨意走動

請根據上述的注意事項，在下圖中圈出 4 位需要被提醒的乘客，以免他們發生意外。

下圖中的這條新扶手電梯還未塗上顏色和貼上標誌，請根據提示幫忙完成，來提醒乘客有關乘搭扶手電梯的安全。

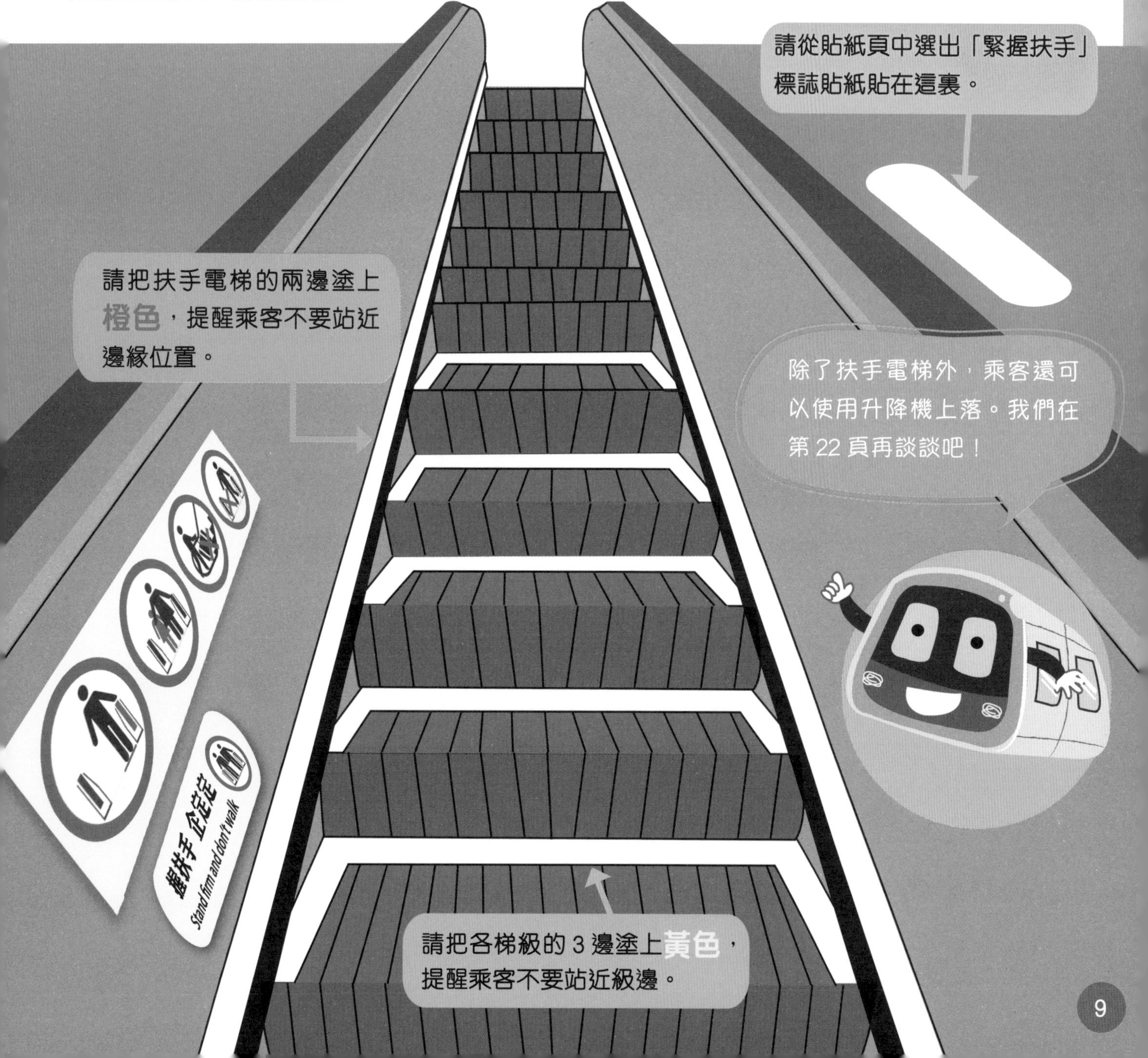
請從貼紙頁中選出「緊握扶手」標誌貼紙貼在這裏。
請把扶手電梯的兩邊途上橙色，提醒乘客不要站近邊緣位置。
除了扶手電梯外，乘客還可以使用升降機上落。我們在第 22 頁再談談吧！
握扶手 企定定
Stand firm and don't walk
請把各梯級的 3 邊塗上黃色，提醒乘客不要站近級邊。

·上車月台·

乘客在月台上可查看列車方向指示牌，以決定到哪邊月台等候列車。月台上的地面有不同顏色的線條、箭頭，甚至凹凸的圖案，它們分別代表什麼意思呢？請看看下圖的介紹。

4 往中環
to Central
升降機
Lift
黃色線提醒乘客不要超越黃線，以免發生意外。
白色箭頭 ↑ 和橙色排隊線標示月台乘客候車的方向和位置。
綠色箭頭 ↓ 標示車上乘客下車的方向和位置。
這些凹凸的圖案稱為「觸覺引路帶」，供失明人士辨認位置。

早上繁忙時段許多乘客來到月台。請從貼紙頁中選出代表乘客的鞋子貼紙貼在適當的候車位置，以保持月台的秩序。

列車到了，叮噹叮噹，車門即將開啟，請先讓車上乘客下車。

請用智能手機掃描 QR code，聽聽車門即將開啟的「叮噹」聲。

終於可以上車了。請從貼紙頁中選出乘客貼紙貼在車廂內，幫助乘客安全地上車。

請用智能手機掃描 QR code，
聽聽車門即將關閉的「嘟嘟」
聲，此時千萬不要衝門啊！
請小心列車和月
台之間的空隙。

車廂

為了方便有需要的乘客，列車的車廂內有一些特別的設計，一起來認識一下吧。

優先座是預留予有需要的乘客，例如：長者、帶同嬰幼兒的乘客、孕婦、傷健人士。

這些空間是預留予有需要的乘客，例如：使用輪椅的乘客、帶同嬰兒車的乘客。

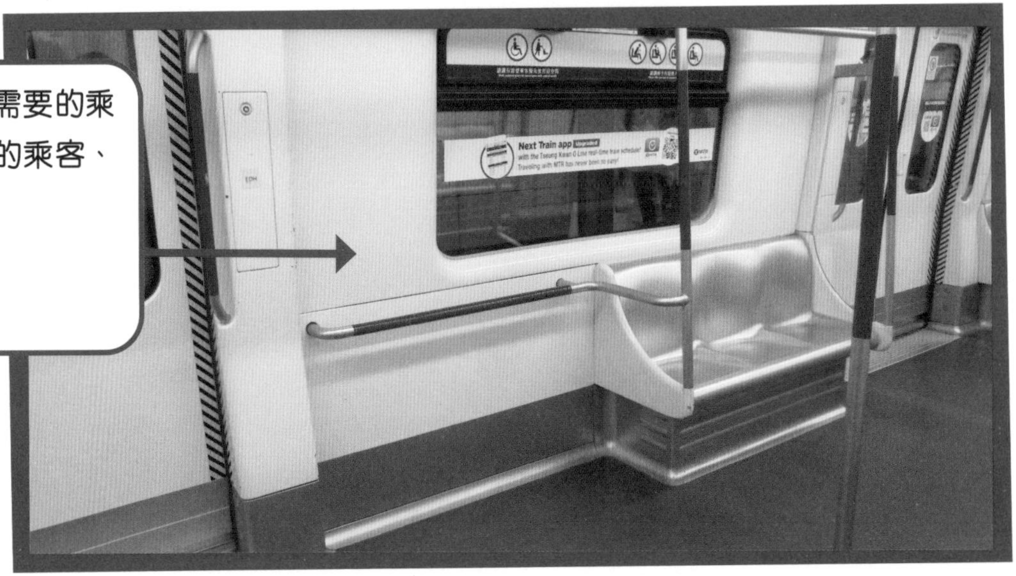

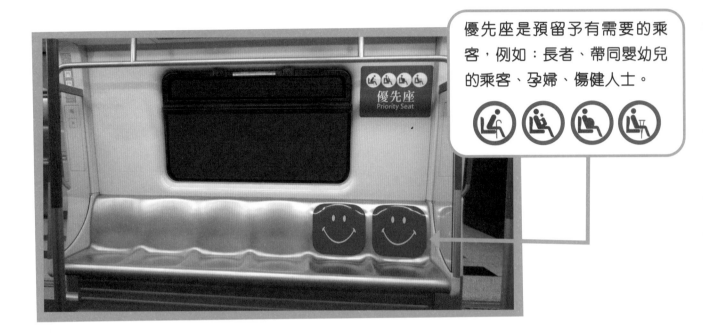

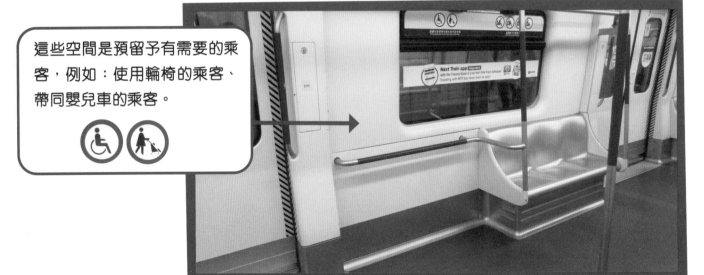

乘客上車後應盡量往車廂中間走。下圖中的車廂有 6 個座位，請從貼紙頁中選出乘客貼紙貼在座位上，協助分配座位予有需要的乘客。

車廂內的乘客越來越多，大部分的乘客都有禮貌和留意安全，可是有些乘客卻不守規則。請看看「車廂安全篇」和「車廂禮儀篇」，然後在下圖中圈出7位不守規則的乘客，並說說他們有哪些地方做得不對。

車廂安全篇

- 時刻緊握扶手
- 不要把扶手柱當作遊戲設施
- 留意列車上的廣播和電子顯示屏的信息
- 不要把手放在門邊
- 不要奔跑或嬉戲
- 不要站近車門

車廂禮儀篇

讓座予有需要的乘客

不要坐在車廂地面

不要用物件
霸佔座位

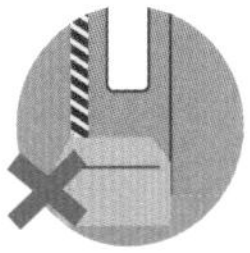
不要隨便擺放個人物品，
阻礙其他乘客

不准飲食

不要大聲說話

不要靠在扶手柱上

盡量往車廂中間走，
保持通道暢通

乘客可從廣播或路線圖知道下一站是什麼站，以及哪邊車門將會開啟。請根據下圖中車門上方的路線圖，在下一站將會開啟的車門旁的○內加✓。

下一站調景嶺，乘客可以轉乘將軍澳線前往……左邊的車門將會打開。
請往另一邊落車
寶琳
坑口
將軍澳
康城
調景嶺
油塘
藍田
觀塘
牛頭角
九龍灣
彩虹
鑽石山
黃大仙
樂富
九龍塘
石硤尾
太子
旺角
油麻地
佐敦
尖沙咀
尖東
啟德
宋皇臺
土瓜灣
何文田
長沙灣
深水埗
太古
西灣河
筲箕灣
杏花邨
柴灣
北角
炮台山
天后
銅鑼灣
灣仔
金鐘
中環
上環
西營盤
香港大學
堅尼地城
鰂魚涌
請小心月台空隙

·下車月台·

列車到達下一站前，準備轉車或下車的乘客開始在車門附近排隊。

叮噹叮噹，車門開啟後，月台上的乘客耐心地等候車上乘客下車。請從貼紙頁中選出乘客貼紙貼在月台適當的位置，協助乘客安全地下車。

請小心列車和月台之間的空隙。

・升降機・

下車後，部分乘客前往其他月台轉車，餘下的乘客則使用扶手電梯、升降機或樓梯前往港鐵大堂。請看看哪些乘客可優先使用升降機。

使用輪椅的乘客
帶同嬰兒車的乘客
優先使用 Priority
L2
帶同行李的乘客
長者

以下是使用升降機的守則。你能做得到嗎？做到的，請在 ☐ 內加 ✓。

☐ 排隊等候。

☐ 先讓有需要的乘客使用升降機。

☐ 先讓升降機內的乘客離開。

☐ 不要把手放在升降機門，或靠近升降機門。

☐ 升降機正關門時，不要強行進出。

☐ 升降機已滿時，不要強行進入。

☐ 不要亂按升降機的按鈕。

出閘

出口以 出 EXIT 標示，不同的英文字母代表不同的出口。
請看看以下車站平面圖，畫箭嘴把乘客帶領至正確的
出口，並替他們選擇正確的出閘機。

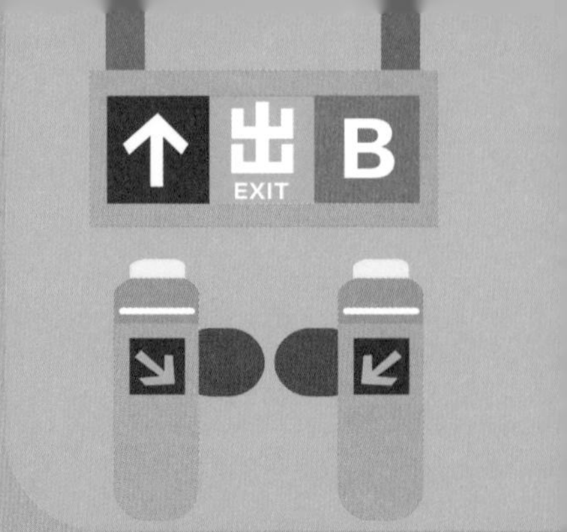

圖例

- 出口
- 闊閘機
- 入閘機
- 客務中心
- 出閘機
- 升降機
- 扶手電梯

·港鐵大堂·

乘客如不熟悉車站附近的環境，可查看港鐵大堂內的車站街道圖。

港鐵大堂內還有哪些設施呢？請參看下圖，說一說。

提款機

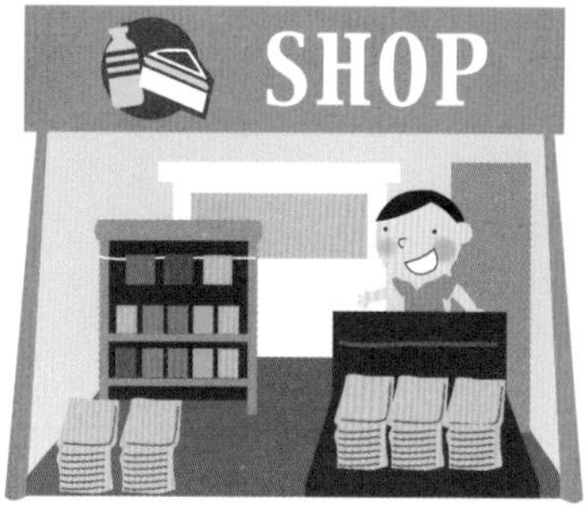

便利店

麪包店

郵箱

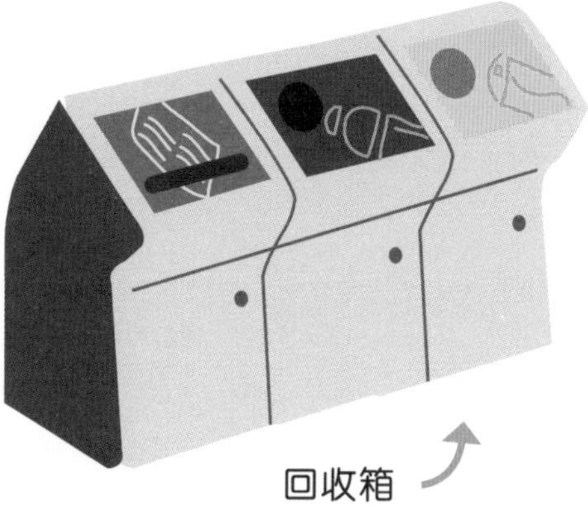

回收箱

還書箱

·我的旅程·

小朋友，你是否已學會做一個守規矩、有禮貌、懂安全的交通大使？
你有信心計劃一次港鐵旅程嗎？來試試吧！

姓名：

日期 ________年______月______日

同行乘客 ________位

旅程目的 ☐探望親朋 ☐出外進餐 ☐逛街
☐到公園或遊樂場 ☐其他：________

上車時間 上午 / 下午 / 晚上 ________時

上車車站 ________站

是否需要轉車 ☐否 ☐是，在________站轉車

下車時間 上午 / 下午 / 晚上 ________時

下車車站 ________站

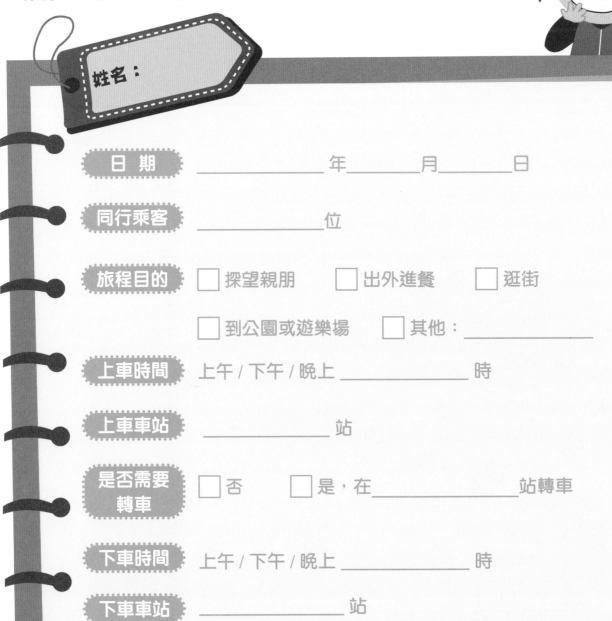

你在旅途中有遇到什麼
有趣或特別的事情嗎？
請繪畫出來或寫出來。

•港鐵遊戲棋•

預備工作

1 請參看 P.33 預備骰子。
2 請參看 P.35 預備棋子。
3 請參看 P.37 預備挑戰卡。
4 請參看拉頁預備棋盤。

在這個遊戲中，孩子可以：

1 重溫乘搭港鐵的安全守則，加強安全意識。
2 重溫乘搭港鐵的禮儀，培養有禮貌的行為。
3 從投擲骰子中按點數前進，並學習遵守遊戲規則。
4 認識家居附近的港鐵車站名稱及熱門的港鐵車站名稱。
5 認識港鐵由多條線路組成，並能分辨一般車站和轉車車站。

人數：
2至4人

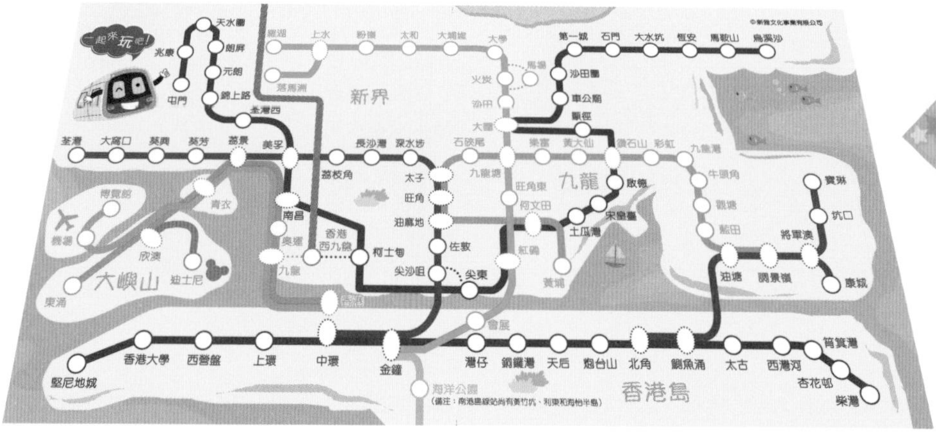

熱身

1 與孩子說說家居附近的港鐵車站名稱及熱門的港鐵車站名稱，也可引導孩子認讀一些含簡單生字的車站名稱，例如：含「一」、「上」、「中」、「山」、「口」、「水」、「田」、「天」、「九」、「牛」、「火」或「車」字的車站名稱。

2 向孩子介紹港鐵是由多條線路組成：

荃灣線	迪士尼線	港島線	東涌線
將軍澳線	屯馬線	東鐵線	南港島線
觀塘線	機場快線		

3 向孩子介紹一般車站和轉車車站的分別。

玩法

1 **商議車站：**每局開始前，先商議起點車站和終點車站。遊戲初期可設定不用「轉車」的短途路線，中期可設定「轉車一次」的中程路線，後期可設定「轉車多次」的長途路線。

2 **設定前進規則：**如孩子年紀尚小，可簡單地按骰子的點數前進，即使投擲的點數超越終點車站，也算成功到達終點。如孩子玩了數次後或乘搭港鐵的經驗較豐富，便可引入超越終點車站後要反方向前進的規則。

3 **回答問題：**如投擲到 ★ ，便要抽取一張挑戰卡，並回答有關交通安全或乘車禮儀的問題。答對可再次擲骰子，答錯則罰停一次。

4 最先到達終點者便勝出。

挑戰卡答案

Q1 請說出一種乘搭港鐵時不可攜帶的物件。
大型行李或物件 / 金屬氣球 / 動物。

Q2 小朋友年滿多少歲便需要購買車票乘搭港鐵？
3 歲或以上。

Q3 八達通卡分為多少大類？
3 大類。小童 / 成人 / 長者。

Q4 請說出其中一種可優先使用閘閘機的乘客。
長者 / 帶同行李的乘客 / 使用輪椅的乘客 / 攜帶嬰兒車的乘客。

Q5 乘搭扶手電梯時要緊握什麼？
扶手或成人的手。

Q6 為什麼不可以站近扶手電梯的邊緣或級邊？
有可能受傷或引起其他意外。

Q7 為什麼不可以在扶手電梯上走動？
有可能受傷或引起其他意外。

Q8 月台地面的箭頭和線條有什麼用途？
指示乘客在適當的位置候車、上車或下車。

Q9 月台地面的凹凸圖案是供什麼乘客使用的？
失明人士。

Q10 上落列車時，要小心什麼呢？
列車和月台之間的空隙。

Q11 月台響起「叮噹」聲代表什麼呢？
列車車門即將開啟。

Q12 月台響起「嘟嘟」聲時，乘客不可以做什麼呢？
不可以衝門。

Q13 請說出其中一種可優先使用列車上優先座的乘客。
長者 / 孕婦 / 傷健人士 / 帶同嬰幼兒的乘客。

Q14 請說出其中一種可優先使用列車上多用途空間的乘客。
使用輪椅的乘客 / 帶同嬰兒車的乘客。

Q15 請說出一項列車上車廂安全的守則。
時刻緊握扶手 / 留意列車上的廣播和電子顯示屏的信息 / 不要奔跑或嬉戲 / 不要把玩扶手柱 / 不要把手放在門邊 / 不要站近車門。

Q16 請說出一項列車上車廂禮儀的守則。
讓座予有需要的乘客 / 不要霸佔座位 / 不准飲食 / 盡量往車廂中間走，保持通道暢通 / 不要坐在車廂地面 / 不要隨便擺放個人物品，阻礙其他乘客 / 不要大聲說話 / 不要靠在扶手柱上。

＊以上答案僅供參考。

請沿線撕下，並製成骰子。

骰子

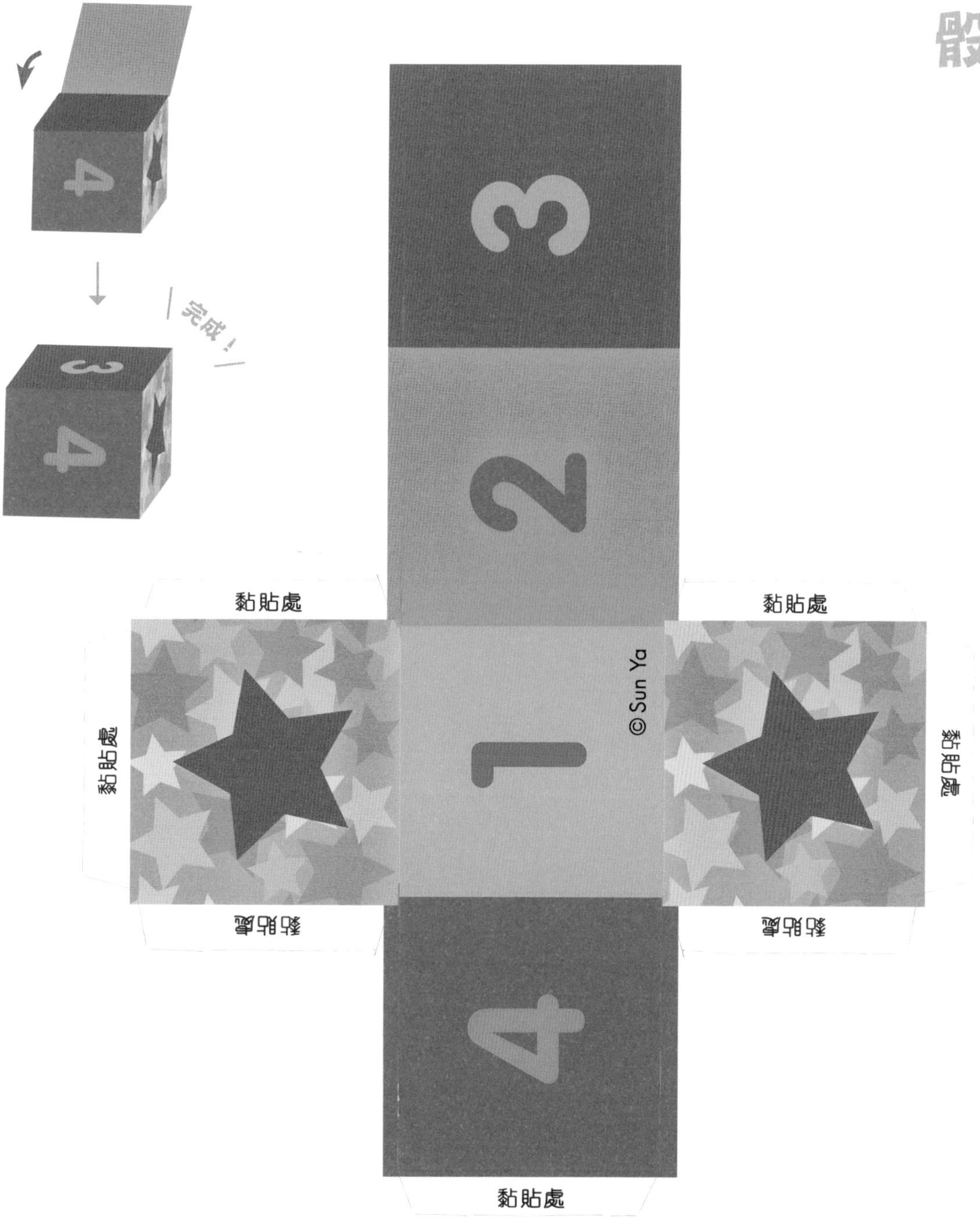

完成！
黏貼處
黏貼處
黏貼處
黏貼處
黏貼處
黏貼處
黏貼處
© Sun Ya

請沿線撕下，並製成棋子。

棋子

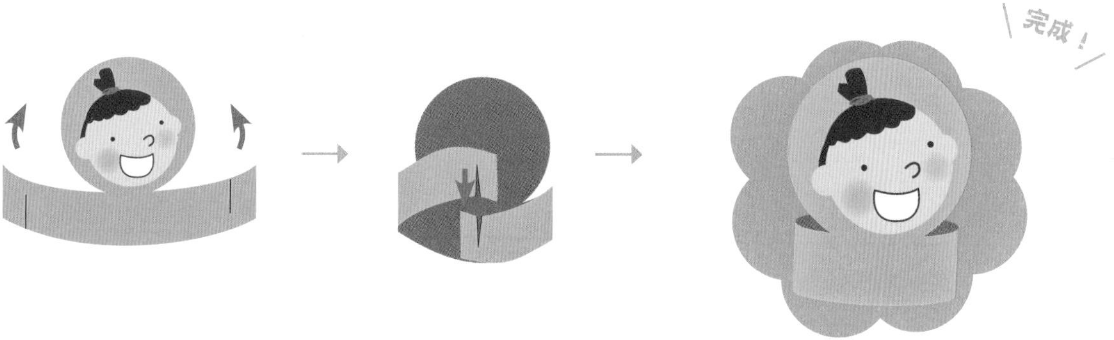
完成！

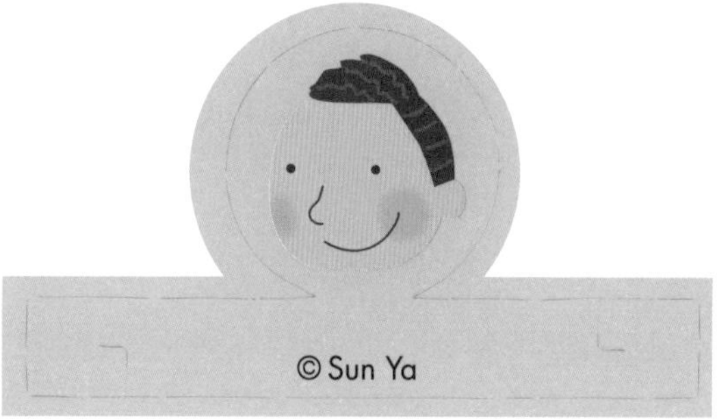
© Sun Ya

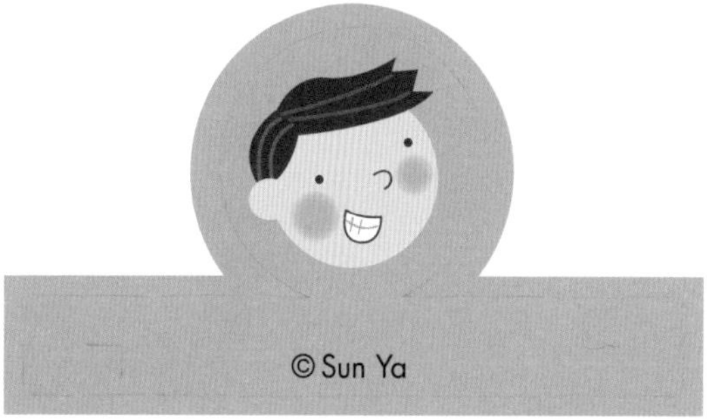
© Sun Ya

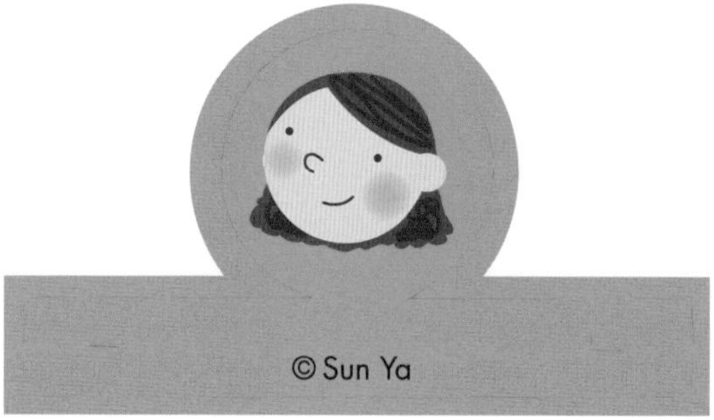
© Sun Ya

© Sun Ya

請沿線撕下，並製成挑戰卡。

Q1 請說出一種乘搭港鐵時不可攜帶的物件。

Q2 小朋友年滿多少歲便需要購買車票乘搭港鐵？

Q3 八達通卡分為多少大類？

Q4 請說出其中一種可優先使用閘閘機的乘客。

Q5 乘搭扶手電梯時要緊握什麼？

Q6 為什麼不可以站近扶手電梯的邊緣或級邊？

Q7 為什麼不可以在扶手電梯上走動？

Q8 月台地面的箭頭和線條有什麼用途？

挑戰卡

挑戰卡

© Sun Ya

挑戰卡

© Sun Ya

挑戰卡

© Sun Ya

挑戰卡

© Sun Ya

挑戰卡

© Sun Ya

挑戰卡

© Sun Ya

挑戰卡

© Sun Ya

請沿線撕下，並製成卡牌。

Q9 月台地面的凹凸圖案是供什麼乘客使用的？

Q10 上落列車時，要小心什麼呢？

Q11 月台響起「叮噹」聲代表什麼呢？

Q12 月台響起「嘟嘟」聲時，乘客不可以做什麼呢？

Q13 請說出其中一種可優先使用列車上優先座的乘客。

Q14 請說出其中一種可優先使用列車上多用途空間的乘客。

Q15 請說出一項列車上車廂安全的守則。

Q16 請說出一項列車上車廂禮儀的守則。

挑戰卡

挑戰卡

© Sun Ya

挑戰卡

© Sun Ya

挑戰卡

© Sun Ya

挑戰卡

© Sun Ya

挑戰卡

© Sun Ya

挑戰卡

© Sun Ya

挑戰卡

© Sun Ya

請使用這些空白的挑戰卡，新增更多問題，然後沿線裁剪。

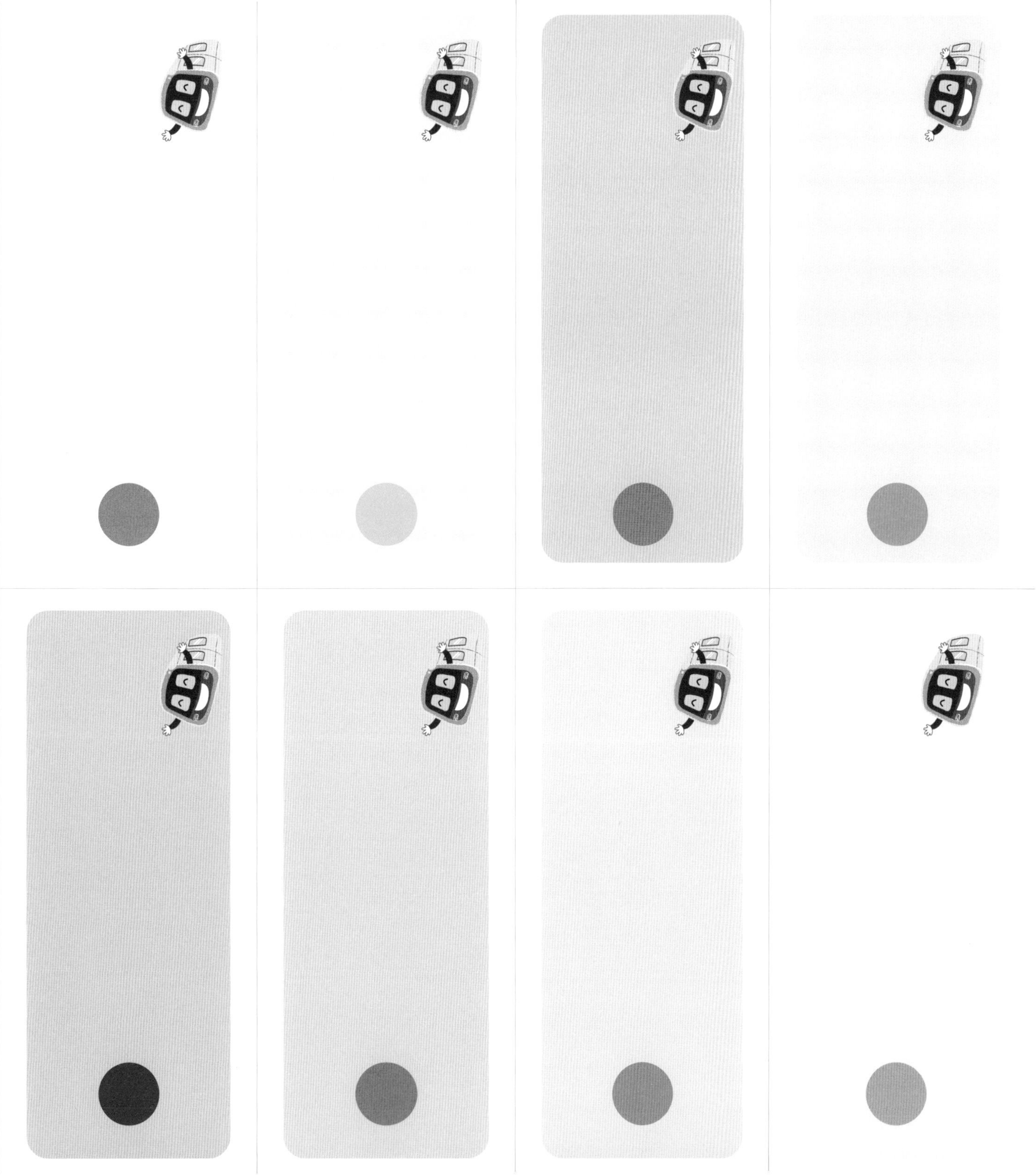

挑戰卡

挑戰卡

© Sun Ya

挑戰卡

© Sun Ya

挑戰卡

© Sun Ya

挑戰卡

© Sun Ya

挑戰卡

© Sun Ya

挑戰卡

© Sun Ya

挑戰卡

© Sun Ya

一起來玩吧！
天水圍
兆康
朗屏
元朗
屯門
錦上路
荃灣西
羅湖
上水
粉嶺
太和
落馬洲
新界
荃灣
大窩口
葵興
葵芳
荔景
美孚
長沙灣
深水埗
荔枝角
太子
旺角
油麻地
博覽館
青衣
南昌
機場
欣澳
奧運
香港西九龍
柯士甸
九龍
尖沙咀
迪士尼
大嶼山
東涌
香港
香港大學
西營盤
上環
中環
金鐘
堅尼地城
海洋

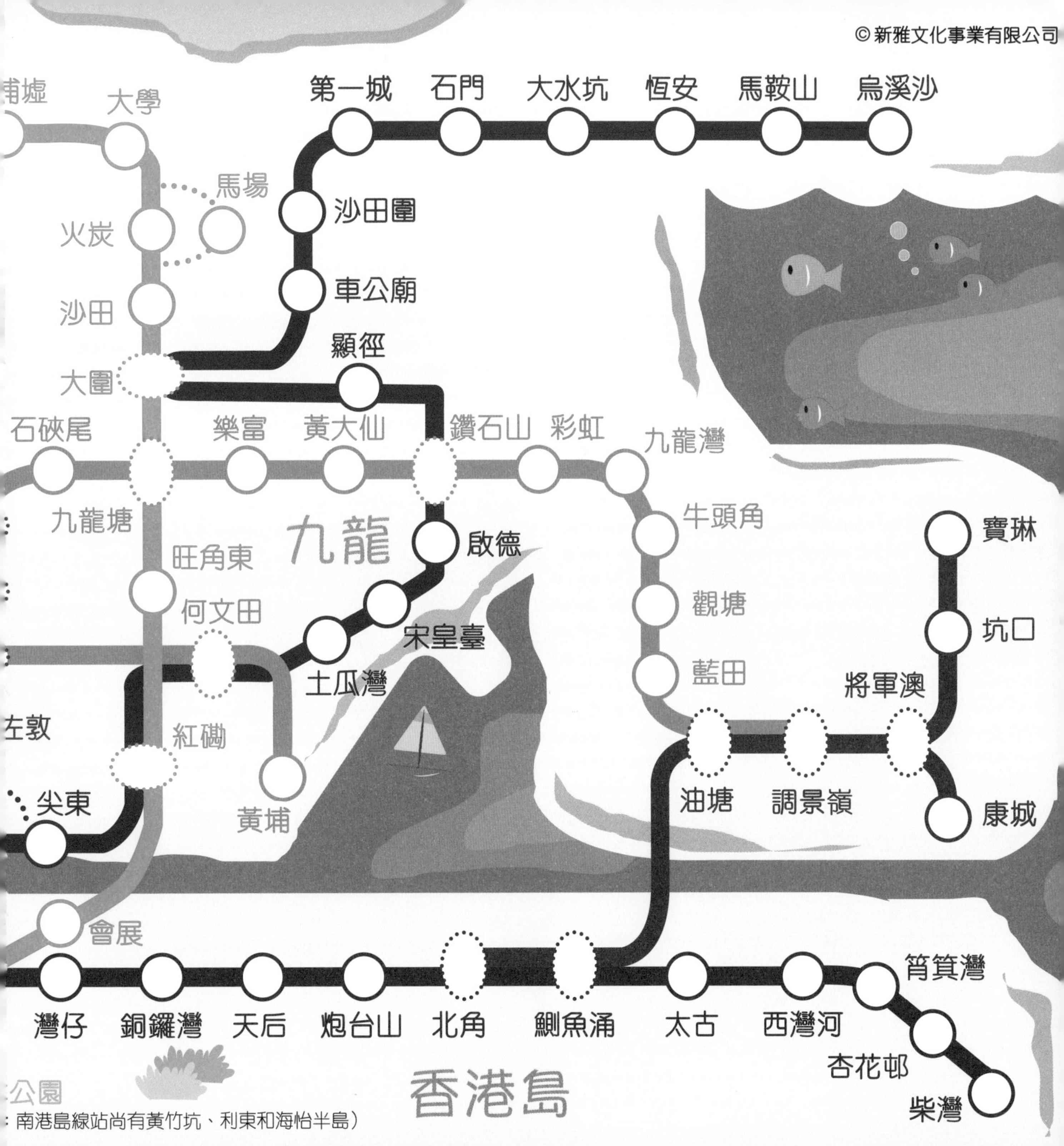
大學
馬場
火炭
沙田
大圍
第一城
石門
大水坑
恆安
馬鞍山
烏溪沙
沙田圍
車公廟
顯徑
石硤尾
樂富
黃大仙
鑽石山
彩虹
九龍灣
九龍塘
九龍
啟德
牛頭角
旺角東
何文田
宋皇臺
觀塘
藍田
土瓜灣
寶琳
坑口
將軍澳
紅磡
尖東
黃埔
油塘
調景嶺
康城
會展
灣仔
銅鑼灣
天后
炮台山
北角
鰂魚涌
太古
西灣河
筲箕灣
杏花邨
柴灣
香港島

：南港島線站尚有黃竹坑、利東和海怡半島）